飞行疲劳管理

主 审 刘 勇

主 编 徐 莉 李 嘉

第四军医大学出版社·西安

图书在版编目（CIP）数据

飞行疲劳管理 / 徐莉，李嘉主编. —— 西安：第四
军医大学出版社，2023.5
ISBN 978-7-5662-0979-5

Ⅰ.①飞… Ⅱ.①徐… ②李… Ⅲ.①飞行疲劳—管
理 Ⅳ.① V231.95

中国国家版本馆 CIP 数据核字（2023）第 088557 号

FEIXING PILAO GUANLI
飞行疲劳管理

出版人：朱德强　　责任编辑：汪　英　张志成

出版发行：第四军医大学出版社
　　　　　地址：西安市长乐西路 17 号　邮编：710032
　　　　　电话：029-84776765　　传真：029-84776764
　　　　　网址：https://www.fmmu.edu.cn/press/

制版：西安聚创图文设计有限责任公司
印刷：陕西天意印务有限责任公司
版次：2023 年 5 月第 1 版　　2023 年 5 月第 1 次印刷
开本：889×1194　1/32　　印张：2.5　　字数：43 千字
书号：ISBN 978-7-5662-0979-5
定价：28.00 元

《飞行疲劳管理》

编者名单

主 审 刘 勇

主 编 徐 莉 李 嘉

副主编 邢文娟 暴军香 曹 阳

编 者（按姓氏笔画排序）

马 进 田 沛 田雅军 刘玉珍 吴方琴

邢文娟 李 嘉 李文斌 杨菁华 杨敏清

张 星 郑吉安 周嘉恒 赵明达 胡文东

高 峰 徐 莉 曹新生 董 玲 暴军香

绘 画（按姓氏笔画排序）

王洋洋 王煜彤 朱伯达 朱盈霏 齐佳辰

杨 捷 杨茂森 杨佳轩 李梓萌 李晨浩

张 虎 张纪萌 陈宇豪 高 翔 曹 阳

常 宇 黄沐瑶 滕译晖

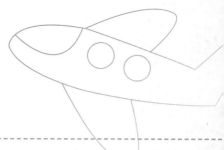

　　由于现代飞行器性能不断提高，飞行人员在飞行中会反复地经受持续性加速度、振动、噪声和缺氧等因素的复合作用；同时，夜航次数多，致睡眠无规律，工作负荷重，对认知能力要求高。持续的飞行负荷和精神压力使飞行人员极易产生飞行疲劳。飞行疲劳可使飞行人员飞行工作能力和效率下降，严重威胁飞行安全。因此，如何缓解和快速消除飞行疲劳已成为航空医学界亟待解决的现实问题。

　　多年来，国内外航空医学专家针对飞行疲劳开展了大量深入的研究，总结提炼出科学缓解疲劳的保障经验和方法。研究表明，科学合理的训练和生活方式有助于飞行人员的疲劳预防和消除。飞行疲劳管理已成为飞行人员预防疾病、促进健康的主要手段之一。飞行疲劳管理是对个人或群体的疲劳危险因素进行全面管理的过程，其宗旨是调动个人及集体的积极性，有效地利用有限的资源来达到最大的健康效果。

　　《飞行疲劳管理》编写团队通过对飞行人员的健康状况及生活方式进行分析，总结提炼了疲劳管理在飞行工作中的应用，全书共分六章，第一章为概述，介绍了疲劳的概念、飞行人员疲劳发生的过程及作用；第二章介绍飞行疲劳的表现、分类、危害及常见错误认知；第三章介绍了飞行疲劳管理的概念、基本步骤、管理流程及基本策略；第四章介绍发生飞行疲劳的健康干预、三级预防对策及睡眠管理、预防时差效应、飞行模拟训练等；第五章介绍飞行疲劳的恢复措施，包括物理疗法、中医穴位、药物治疗、饮食调节、心理干预等；第六章介绍对出现飞行疲劳的个人进行管理的方法。旨在帮助飞行人员精准地进行疲劳管理。

空军军医大学空小医团队为本书精心绘制插画，在此深表感谢。书中疏漏之处恳请各位读者给予批评指正，以便今后进一步改进和提高。

编　者

2022 年 8 月 18 日

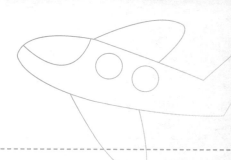

目录

CONTENTS

第一章 疲劳概述

一、疲劳的定义

疲劳是指劳动过程中人的工作能力暂时减弱而导致绩效下降、错误或事故率增加的现象。

疲劳是非常复杂的生理、心理现象，其产生的因素是多方面的：

1. 持续做功，超过机体所能承受的能力所致；

2. 由某些负性情绪引起；

3. 疾病导致全身或局部不适表现，既可有生理性疲劳（一过性的，休息可缓解），又可有病理性疲劳（某些疾病导致，休息不可缓解）。

二、疲劳的发生过程

疲劳的发生大致可分为三个阶段。

1. 第一阶段　作业人员感到轻微的疲倦感，作业能力不受影响或稍下降。此时，兴趣、意志、鼓励等心理因素可刺激作业人员维持一定的工作绩效，但长时间如此可导致机体呈过劳状态。

2. 第二阶段　作业人员有较强的疲倦感，作业能力下降明显。心理刺激因素亦不能维持作业人员的绩效，此时主要影响作业绩效的质，而对量的影响不大。

3. 第三阶段　作业人员有强烈的疲倦感，作业能力严重降低。此时作业绩效的质和量严重受到影响，最终可导致作业人员力竭而无法继续工作。

三、疲劳的作用

1. 疲劳的积极作用　疲劳是劳动生理的一种正常表现，它起着预防机体过劳的警告作用。人的大脑皮质有保护自己的能力。当一个区域经过过久的兴奋过程后，兴奋区为了休息就会进入抑制状态，引起整个机体失调，在血液、肌肉及其他许多器官中，产生一系列复杂的生理变化，从而达到保护大脑的作用。疲劳是人所共有的现象，它是提醒人们应该休息、告诫人们不可过于劳累而影响身体健康的警示信号。

2. 疲劳的消极作用　疲劳会导致生理与心理的多种改

变，导致事故风险增加：

（1）动作失准、迟缓；

（2）头痛、头晕、噪音感和沉重感；

（3）出汗过多、呼吸困难、心率加快、心血管系统的适应能力下降；

（4）精神恍惚、注意力不集中、记忆力下降和思维障碍；

（5）前庭器官兴奋性提高、平衡功能失衡。

四、疲劳的一般规律

1. 疲劳可以通过休息恢复；

2. 疲劳有积累效应；

3. 疲劳程度与生理周期有关；

4. 人对疲劳有一定的适应能力。

第二章　认识飞行疲劳

一、飞行疲劳产生的原因

引起飞行人员飞行疲劳的原因很多，飞行环境、飞行任务、身心状态等因素都与飞行疲劳的产生有关。通常引起飞行疲劳的原因如下：

1. 睡眠不足或休息不好
据不完全统计，80% 的飞行疲劳是睡眠不足引起的。

2. 生物节律紊乱　如跨时区长途飞行和夜间飞行引起的时差效应和昼夜节律扰乱。

3. 过度的生理性应激　如座舱噪声、温度、湿度、吸烟、饮酒、缺氧等引起的生理性应激可使飞行人员逐渐感到疲劳。

4. 心理性应激　如人际关系不良、发生生活重大事件等引起的心理紧张、焦虑等，可引起飞行人员的心理疲劳。

二、飞行疲劳的表现

1. 感受性下降　视力、听觉、嗅觉及肌肉的感受性都不同程度降低，易发生飞行错觉。

2. 注意力下降　　注意力分配速度开始变慢，易忽视主仪表板外的仪表。

3. 思维迟钝，记忆力减退　　认读仪表时间变长，缺乏对行为缺陷的认识，正确操纵程序受到影响，复杂思维与动作分离，易出现错、忘、漏。

4. 动作反应能力下降　　动作协调性降低，多余、错误动作增加，操纵动作精确度下降，飞行熟练技巧被破坏，操纵错误明显增加。

5. 语言减少，兴趣性降低　　随着疲劳的发展，飞行人员变得不爱说话，对周围环境不感兴趣。在长航线飞行时，这种现象最为明显。

6. 睡眠紊乱　　飞行负荷大时，飞行人员精神高度紧张，睡眠变迟、变浅，醒来得早，甚至失眠。这是高度疲劳将要出现的信号，应特别予以注意。

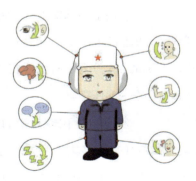

以上症状都是飞行人员判断自己和机组人员已经或即将进入飞行疲劳状态的重要信号，一旦出现，应当予以注意，以防对飞行安全带来隐患。

三、飞行疲劳的分类

（一）根据主诉和临床表现分类

根据飞行人员的主诉和临床表现，可将飞行疲劳分为轻度飞行疲劳、中度飞行疲劳、重度飞行疲劳。

1. 轻度飞行疲劳　反应能力基本正常，情绪高昂、活泼、愉快；能集中注意力，做到全神贯注，兴奋性高；有持续飞行的愿望；能熟练、准确地完成飞行动作；飞行技术和能力不受影响；精力尚充沛，心率、血压正常。

2. 中度飞行疲劳　反应能力下降，情绪有些低落，飞行基本感到愉快；注意力开始不够集中，逐渐出现注意力分配不合理；积极性、兴奋性下降，想休息，不想飞行；飞行技术和能力下降，飞行时常出现小错误，完成飞行动作有时不准确、不稳定；感觉全身乏力、思睡、精神萎靡，心率、血压下降。

3. 重度飞行疲劳　反应迟钝，对飞行产生厌倦；注意力无法集中；兴奋性丧失，想完全停飞休息；飞行动作的协调性大大下降，动作无力、不准确，甚至完全错误；飞行技术和能力明显下降；飞行人员主诉头痛、胸闷、心慌，心率加快、自主神经功能失调。

（二）根据课目和飞行负荷程度分类

根据飞行人员课目或飞行负荷程度可将飞行疲劳分为急性飞行疲劳、慢性飞行疲劳和过度飞行疲劳。

1. 急性飞行疲劳　急性飞行疲劳是由于完成难度较大的飞行课目或连续多次、强度大的飞行负荷而引起，如在复杂气象条件下飞行、在机械故障条件下飞行等，通常出现在飞行过程中的后半期。程度逐渐加重，是机体的保护性生理反应，经过积极休息和调理，一般到下一个飞行日前消失。

2. 慢性飞行疲劳　慢性飞行疲劳是由于较强的负荷反复作用所致，并伴有不良因素的影响，倘若未获得适当休息，继续在高应激条件下工作，会造成疲劳程度加重，使生理或心理状态失调，对健康造成一定损害，如主观疲惫乏力、工效显著降低、失眠、消化功能紊乱、心理压力明显增加等，这种功能状态是临床病态临界状态，这种疲劳只有经过较长时间的休息才能恢复。

3.过度飞行疲劳　长期处于疲劳和（或）慢性疲劳状态而得不到充分休息和调整，机体心理生理功能严重失调，健康受到明显损害，达到临床病态状态，则称为过度疲劳。过度疲劳的特点是伴有神经症的症状，表现为多种多样的病痛和功能障碍，需要经过治疗和康复疗养才能恢复正常。

（三）根据劳动负荷分类

根据飞行人员体力劳动和脑力劳动所致疲劳的劳动负荷不同，可将疲劳分为体力疲劳和脑力疲劳。

1.体力疲劳　又称为生理疲劳，指由于进行强度较大的体力负荷所导致的疲劳，其以肌肉疲劳为主，主要表现为体力降低、工作效率降低、操作速度下降、动作的协调性和灵活性变差等。

2.脑力疲劳　又称为心理疲劳，指由于心理压力过大、精神过于紧张、工作过于单调所导致的疲劳，主要表现为反应能力、注意力、记忆力、精细操作能力下降等。

四、飞行疲劳的危害

1. 不能有效感知飞机的位置和状态。

2. 操作过程中动作准确性、协调性下降。

3. 飞行中决策和判断力下降。

4. 应急处理能力降低。

5. 驾驶舱内信息交流、配合受到影响。

五、关于飞行疲劳的常见错误认知

1. 执勤期间休息时间长即可满足睡眠的需要　睡眠时长不等于睡眠质量，不能认为满足了8h睡眠即可避免疲劳出现，还要注意其与自身生物节律的吻合。

2. 能够准确可靠地估计警觉性和工作能力　出现飞行疲劳时，飞行人员往往已经出现判断能力偏差，对自身状态难以准确衡量，当确实感受到时，往往已经是中度以上疲劳状态。

3.疲劳的解决方法很简单 由于每个人的生理情况差异，不存在标准的疲劳解决方案，必须按照个人实际情况调理。

第三章 飞行疲劳的健康管理

一、飞行疲劳健康管理及相关概念

飞行疲劳健康管理是以现代健康概念和新的医学模式即中医"治未病"为指导，采用现代医学和现代管理学的理论、技术、方法和手段，对飞行人员个体或群体健康及影响健康的危险因素进行全面检测、评估、有效干预与连续跟踪服务的医学行为及过程，其目的是以最小投入获取最大的健康效益，防止飞行疲劳造成严重不良后果。

1. 飞行人员健康　飞行人员健康除了应具备一般的健康标准外，还要具备强健的体力、充沛的精力、敏捷的认知反应能力和高效的人机结合能力，达到"生理、心理、职业道德和社会适应性"的全维健康状态。

2. 飞行疲劳危险因素　广义的飞行疲劳危险因素是指对飞行人员的疲劳状况造成危害或不良影响，进而导致诸多疾病（主要是慢性病）或事故的因素，包括生物、化学、物理、心理、社会环境及不良生活方

式与习惯等。狭义上的危险因素是指通过基本的疲劳干预手段能够改变，并且在人群中比较容易测量的那些因素。

3. 疲劳评估　疲劳评估是指对所收集到的个体、群体疲劳相关信息进行系统、综合、连续的科学分析与评价过程。其目的是防止飞行疲劳造成严重不良后果，维护、促进和改善健康，为管理和控制疲劳风险提供科学依据。

4. 疲劳风险评估　疲劳风险评估用于分析测算飞行人员未来发生飞行疲劳及因此造成的不良后果的可能性大小，是一种对个体未来疲劳趋势及相关疾病的预测。

5. 健康干预　健康干预是指对导致飞行疲劳的不良行为、不良生活习惯等危险因素，以及导致的疲劳状态进行综合处置的医学措施与手段。包括健康咨询与健康教育、营养与运动干预、心理与精神干预、疲劳风险控制与管理等。

健康干预

二、飞行疲劳健康管理基本步骤

飞行人员疲劳的健康管理是指通过收集飞行人员个人或群体的健康信息，对飞行人员的疲劳状况和影响因素进行评估，在疲劳评估的基础上帮助飞行人员通过行为改变纠正疲劳状态，以改善健康状况，而后对于所采取的干预措施是否合理再次进行评价。健康管理是一个长期的、连续不断的、周而复始的过程。

健康管理包括以下 3 个基本步骤：

1. 了解疲劳状况　只有了解个人的疲劳状况才能有效地维护个人的健康。具体地说，健康管理的第一步是收集飞行人员的个人健康信息。个人健康信息包括一般情况（性别、年龄等）、目前健康状况和疾病家

族史、生活方式（膳食、体力活动、吸烟、饮酒等）、心理健康状况、每天平均睡眠时间、未来的飞行计划等。

2. 进行疲劳风险性评估　根据收集的个人健康信息，对健康状况及未来发生飞行疲劳的危险性用数学模型进行量化评估。其目的是帮助个体认识健康风险，鼓励和帮助飞行人员纠正不健康的行为和习惯，制订个性化的健康干预措施并对其效果进行评估。

3. 进行健康干预　在上述基础上，以多种形式来帮助飞行人员采取行动，纠正不良的生活方式和习惯，控制疲劳危险因素，实现个人健康管理计划的目标。与一般健康教育和健康促进不同的是，健康管理过程中的健康干预是个性化的，即根据个体的疲劳危险因素，由航医等医务人员进行个体指导，设定个体目标，并动态追踪效果，如心理能量管理、睡眠质量管理等。

三、疲劳管理流程

1. 疲劳状况检测　通过多种疲劳检查方法与心理调查量表进行疲劳状况检测，按照早发现、早干预的原则选定健康干预目标。检查结果对后期的健康干预活动具有明确的指导意义。

2. 疲劳评估　通过分析个人健康史、既往任务、生活方式和从疲劳问卷/量表等获取的资料，为飞行人员提供一系列的评估报告，其中包括各项检查指标的个人疲劳状况报告、个人总体健康评估报告、精神压力评估报告、睡眠测试量表等。

3. 个人疲劳管理咨询　完成上述步骤后，飞行人员根据疲劳程度可以得到不同层次的健康咨询和健康管理服务。内容有以下几方面：解释个人健康信息及疲劳评估结果对健康的影响，制订个人疲劳管理计划，提供健康指导，制订随访跟踪计划等。

4. 个人疲劳管理后续保障　个人疲劳管理的后续保障内容主要取决于飞行人员的疲劳情况及医疗保障资源的多少，可以根据个体及群体的需求提供不同的服务。后续保障的形式包括提供健康指导、提供个性化的健康改善行动计划等。其中，监督随访、健康教育课堂是后续服务的重要措施。

5. 专项疲劳管理　除了常规疲劳管理外，还可根据具体情况为个体和群体提供专项疲劳管理。专项疲劳管理通常会按飞行人员的疲劳特点进行。如对因心理问题导致飞行疲劳的个体，可选择精神压力缓解、心理疏导治疗等；而对短时高负荷导致飞行疲劳的个体，必要时可采取暂时停飞处理等。

四、疲劳管理基本策略

飞行疲劳的发生与生活方式、心理负担、任务负荷等几种疲劳危险因素有关。飞行疲劳的发生、发展一般遵循正常健康人—低危人群—高危人群（亚健康状态）—疲劳诱发疾病/事故的自然规律。从任何一个阶段实施干预，都将产生明显的效果，干预越早，效果越好。疲劳健康管理的策略主要有 4 种。

1. 生活方式管理　生活方式管理是其他健康管理策略的基础。

生活方式管理常用的方法如下：

（1）**教育**　传递知识，调节状态，改变行为。

（2）**激励**　通过正面强化、反面强化、反馈促进等措施进行行为矫正。

（3）**训练**　通过一系列的参与式训练与体验，培训个体掌握行为矫正的技术。

（4）**推广**　利用广泛的宣传推广健康行为，营造健康的大环境，促进个体改变不健康的行为。

2. 需求管理　需求管理实质上是通过帮助健康的飞行人员维护自身健康和提供恰当的卫生服务，以此控制卫生成本，促进卫生保障资源的合理利用。需求管理的目标是减少繁琐的、非必需的医疗服务，同时改善飞行人员的健康状况。

需求管理常见的方法有：电话就诊、合理转诊、建立飞行人员健康信息数据库等。

3. 疲劳程度管理　疲劳程度管理是疲劳健康管理的又一重要策略，它强调运用循证医学和增强个人能力的策略来预防疲劳程度的恶化，以持续性地改善个体或群体健康为基准来评估临床效果。

疲劳程度管理常用的方法有：

（1）确定目标人群，如过度疲劳管理主要针对因疲劳导致明显病痛和功能障碍的飞行人员群体。

（2）关注个体或群体连续性的健康状况与疲劳程度，不要以单个病例和（或）其单次就诊事件为中心。

（3）医疗卫生服务及干预措施的综合协调。

4. 综合的群体健康管理　综合的群体健康管理通过协调上述不同的健康管理策略为飞行人员提供更为全面的健康管理。这些策略都是以飞行人员的健康需要为中心而发展起来的。健康管理实践中应采取综合的群体健康管理模式进行。

加强自律即自由　健康管理我不愁

第四章　飞行疲劳的健康干预

一、飞行疲劳的三级预防对策

1.三级预防对策　飞行疲劳的预防采取三级预防对策。

（1）一级预防——飞行疲劳起因的预防　例如：加强学习教育、树立正确观念、端正飞行动机、提高飞行技能；出现疲劳症状后主动减少飞行活动。

（2）二级预防——"三早"预防　即早发现、早处理、早改进。例如：针对飞行疲劳，要有定期的专项检查和评定；飞行过程中实时监测疲劳；对已有飞行疲劳者应积极安排休息；建立飞行疲劳数据库；对易引发飞行疲劳的问题或环节予以重点处理和改进。有特殊飞行任务时，为了能持续长时间工作，可以在航空医师指导下服用抗疲劳药物，以确保完成飞行任务。

（3）三级预防　定期参加年度疗养，对于严重飞行疲劳者可酌情给予临时停飞处理，以维护飞行人员身体健康，避免疲劳状况恶化。

2.摒弃不良生活方式　不良生活方式会直接或间接地对飞行疲劳产生影响，飞行人员需提高自我保健意识。

摒弃不良生活方式包括以下内容：

（1）饮食不均衡，三餐无规律；

（2）缺乏体育锻炼，不喜欢参加户外活动；

（3）超时、超负荷工作，不注意休息；

（4）吸烟、酗酒、不控制体重；

（5）熬夜，不能保证充足睡眠；

（6）不与人交流；

（7）不讲究卫生，有病不求医；

（8）忽视保健，不主动进行健康体检。

二、睡眠管理

睡眠是最基础有效的飞行疲劳预防手段，合理地管理睡眠可以有效防止疲劳累积，同时高质量的睡眠可以提高体能储备以应对疲劳的发生。

（一）睡眠剥夺的对策

1. 睡眠补偿与作息制度 大多数人每晚需睡 7~8h。白天睡眠的恢复性作用比夜间睡眠小，连续性睡眠比多次短时间小睡效果更好。但是由于飞行任务需要、不良睡眠习惯等因素的影响，飞行人员经常不能保证有效时长的睡眠，通过小睡补偿或争取尽可能多的睡眠时长是对抗睡眠剥夺最有效的手段之一。

（1）睡眠剥夺前的预防性睡眠 在睡眠剥夺前进行预防性睡眠，有良好的预防作用，并且预防效果与预防性睡眠的持续时间呈正相关。在长航飞行任务前 1 周就按照每 24h 持续睡眠 7~8h，有助于减缓作业能力下降。

（2）睡眠剥夺期间的小睡 是比通常睡眠时间更短的一段睡眠，短则几分钟，长至数小时。但即使是有限的或日间的小睡也有助于机体各种功能恢复，维持良好的作业能力和警觉水平。小睡的恢复性作用与小睡的持续时间、间隔时间、开始时间以及小睡前的觉醒时间有关。将小睡安排在最易入睡的时候取得的效果将更好，尤其是两个睡眠高峰期：3：00—6：00 和 14：00—15：00，在此期间进行小睡则睡眠质量更高，睡眠惰性更小。睡眠惰性是指清醒后持续数分钟至半小时的迟钝期，在此期间可出现作业能力下降，故应避免执行重要的作业任务。

（3）**睡眠剥夺后的恢复性睡眠** 24~48h 睡眠剥夺后进行 8~10h 的恢复性睡眠就可恢复原有的工作能力。72h 或更长时间的睡眠剥夺后则需要 12~20h 的恢复性睡眠。但恢复性睡眠并非越多越好，过长时间的睡眠反而增加了睡眠惯性。

（4）**作息制度** 可以通过改善睡眠习惯，利用自我调节、放松疗法得到更多的休息和恢复性睡眠，建立固定而舒适的就寝常规，同时睡眠之前避免大量活动和服用某些兴奋物质。可事先制定多个"工作—休息—睡眠"预案供选择。

2. 联合方法 可以采用多种方法以减小睡眠剥夺带来的不良影响。由于小睡和药物对抗睡眠剥夺负性影响的作用，并且联合小睡后的药物用量可以减小，从而减小用药带来的副作用,故两者经常联合应用。目前国外报道的有莫达非尼联合小睡、咖啡因联合预防性小睡以及咖啡因联合强光等措施。

（二）养成良好的睡眠习惯

1. 严格遵守作息时间 是养成良好睡眠卫生习惯的基本

保证，到时间就上床睡觉，入睡就比较容易；到时间就起床，不要他人或闹钟叫醒，习惯成自然，睡眠也是如此。一般在晚上 23：00 之前睡觉最好。

2. 上床睡觉后不看东西 如不要看书、看报、看电视、思考问题、玩手机等。有个别人已经养成了上床看书、看报才能入睡的习惯，这是一种不值得提倡的习惯，且无研究表明其有催眠作用。

3. 睡前太饱太饿都会影响睡眠 俗话说"早餐宜好，中餐宜饱，晚餐宜少"是有其道理的。

4. 睡前不喝咖啡、喝茶、喝酒等有兴奋作用的饮品 饮用这些饮品会导致难以入睡；咖啡和饮料喝多了，夜间排尿次数增多，也影响睡眠。睡前少量喝些牛奶则有利于睡眠。爱喝咖啡者应在睡前 4h 饮用。

5. 睡前养成好习惯 睡前打牌、下棋，使大脑处于兴奋、激动、紧张状态，上床后则一时难以入睡。睡前吸烟有害健康也妨碍睡眠，烟草中的有害物质可刺激大脑而使其处于兴奋状态，导致大脑难以进入抑制状态而影响睡眠。

6. 每天规律的运动有助于睡眠 但不要在傍晚以后做激烈运动，尤其是在睡前 2h，否则会影响睡眠。

7. 合理、有效的午睡 午睡是中国人的习惯，可使下午精神状态更佳。一般睡 0.5~1h 即可。过长时间的午睡，反而使下午疲劳不适。有失眠现象者，白天不提倡午睡，这样有利于晚上入睡。

8. 睡前用热水洗脚或洗澡　有益于血液循环，有促进睡眠作用。泡脚的水温应在 40℃ ~55℃，泡 15min 左右为好。有人说"睡前烫烫脚，胜过安眠药"是有道理的。

9. 醒后不赖床　赖床最大的危害是引起机体的睡眠生物钟紊乱。但不宜一醒后即快速起床，应在 3~5min 后缓慢起床为好。成人每天最合适的睡眠时间为 7h 左右。

10. 先睡心，后睡眠　睡前要心情平静，不要激动和兴奋，任何情绪上的不良变化都会干扰睡眠节律，导致睡不好或失眠。睡前最好做一些轻松愉快平和的事情，尽量减少对视觉、听觉、触觉、味觉和嗅觉的刺激，使它们处于安静和抑制状态，为睡眠创造一个良好的心境。

11. 营造良好睡眠环境　室温应在 20℃ 左右，相对湿度应在 60% 左右，睡之前室温可稍低些，这样人的体温也随之下降，有利于睡眠。1~2h 后可适当升高些，不至于冻醒。卧室宜小勿大，光线宜暗，不宜开灯睡觉。睡眠的环境应减少噪声，安静的环境宜于睡眠。睡具也应合适。

12. **养成右侧卧位的睡眠姿势习惯**　良好的睡姿有利于睡眠、有利于身体健康。

13. **选择合适的枕头**　长期高枕睡觉，易引起颈椎病变或驼背。枕头高度以 8~12cm 为宜。枕头过低也会导致流入大脑的血液增多，造成血液循环障碍，早晨起床时眼睑浮肿。

14. **床铺应该舒适、干净、柔软度适中**　被子最好是棉质衬里，睡起来比较贴身、保暖。早晨醒来后，不要立即叠被，要先把夜里的气味散发掉。另一方面，地面要保持干燥和卫生。被子应常晒，尤其是冬天。

15. **在医生指导下可适量服用安眠药**　这样做并不会伤害身体，也不会成瘾。但切忌自己买药乱吃。

16. **适度小睡，即短暂的睡眠**　通常在白天进行（也可在夜间），用以补充或替代本应在夜间获得的睡眠，时间一般为 20min，如果有时间可以到 1h。美国国家航空航天局的研究表明，飞行人员在小睡 26min 后，可以提高 34% 的工作效率和 54% 的注意力。

17. **轮班管理**　换岗轮班，交替值班，可以更高效地执行任务，集中注意力。

三、预防时差效应

时差效应指长距离跨时区飞行时出现的身体内部节律与外界节律未能及时统一的情况，出现时差效应会使飞行人员生理功能紊乱，很容易发生疲劳。

1. 合理作息　最基本的要求在飞行前 24h 内，应按计划保证好机组成员的睡眠和休息。安排长航线飞行机组成员的飞行任务时，应全面考虑跨越时区的影响和航线各阶段的休息时间，应根据出发和抵达时间、跨越时区数目、夜航次数等确定作息时间。

2. 规定适当的工作负荷　飞行时限的规定对飞行人员精力的恢复及保证飞行效率极为重要，尤其是长途飞行，由于跨越时区较多，作息时间变动较大，又有连日飞行疲劳的累积等，故其睡眠常受到严重干扰。为此，长航线飞行，增加机组人数（如配备 2~3 套机组成员），让他们在飞行中轮换休息和小睡，以消除疲劳，对于安全完成飞行任务是十分必要的。

3. 改善长途飞行条件　为保证飞行中机组成员的安全与舒适，应注意采取以下措施：

（1）防止缺氧和舱内空气污染；

（2）飞行前应保证足够的休息与睡眠，避免飞行疲劳；

（3）飞行中严格禁止吸烟与饮酒，以保持飞行耐力；

（4）适时饮茶或咖啡，有助于加速似昼夜节律时相的调节；

（5）航行中应吃高糖及富含蛋白质的食物，少吃油腻含

脂肪多的食物，有利于消化；

（6）制订长途飞行计划时，应注意缩短飞行值班时间，延长飞行后休息时间，限制夜间航行次数，保持作息的相对稳定。

4. 药物　对飞行人员因时差、夜航工作等原因所致的节律紊乱起到调节作用的药物可称为节律调制剂。

在航医指导下，适量合理地应用兴奋药和催眠药，可改善睡眠，对抗疲劳。

四、体育运动

适度的有氧运动可以帮助身体调节状态，改善心理状况，同时提升体能储备，加强飞行人员飞行基本能力。以下介绍一些有氧运动项目，供大家参考和选择：

1. 有氧运动三部曲

（1）**准备活动**　准备活动是正式练习前所进行的各种热身活动。一般来说，准备活动的目的有两个：一是活动各个关节与肌群，提高其温度，增加弹性，以适应将要进行的运动，避免运动损伤；二是逐渐提高心率，让心血管系统做好较大强度运动的准备。准备活动通常需要 5~10min。可以先慢跑 2~4min，之后再做一套全身的柔韧性练习，也可以先进行柔韧性练习，再开始慢跑或进行其他活动。

（2）**正式运动**　这一部分是整个练习的核心，质与量都必须予以保证。质就是锻炼中的心率要达到"有效心率范围"，并保持在这个区域中。适宜的运动强度是：每分钟心率为 170 减去年龄数。量就是每次进行至少 20min 运动，每周 3 次以上。研究表明，每周 2 次，每次 20min 的人没有取得明显的进步；每周 3 次，每次 30min 或每周 4 次，每次 20min 的人则收效明显；每周 5 次，每次 20~30min 的人进步最快。

（3）**放松整理**　经过比较剧烈的 20~30min 运动，突然停止或坐下和躺下都是十分有害的，因为肌肉突然停止运动会妨碍血液回流到心脏，从而造成大脑缺血，锻炼者会觉得头晕甚至失去知觉。正确的方法是放慢速度，继续运动 3~5min，同时做些上肢活动，让心率慢慢降下来。

2. 步行（快走或登山）　步行是人类最基本的运动形式，也是任何人、在任何时间和地点都可以从事的锻炼。它的优点是动作柔和，不易致伤。

3. 跑步　跑步被称为有氧运动之王，它是周身的全面运动，而且可以在较短的时间内取得最大的效果，它对呼吸与循环系统的影响特别明显，对人体生理和各部位的活动刺激相当充分。

4. 游泳　游泳是水浴、空气浴、日光浴三者相结合的全身运动，能全面锻炼心血管系统功能及肌肉。由于它是在水中进行的，水的浮力减轻了关节与韧带的负担，同时比在陆地运动消耗的热量大得多，因此必须尽快补充散发的热量以抵抗冷水的刺激，这样就促进了体内的新陈代谢和体温调节功能的改善。

5. 骑车　骑车是腿部大肌肉群的运动，在达到一定强度的情况下（每小时至少 30km）能够增强有氧代谢功能。但骑车的姿势对腰背不是很有利，上肢肌肉也得不到足

够的运动，所以必须辅以其他活动才能全面地锻炼身体。

6. 有氧健身操　有氧健身操是指人体在有氧供能条件下进行的节奏性强的集舞蹈、体操、音乐与技巧动作为一体的锻炼方法。如果套路和动作编排得当，一套 45min 的健身操即可给人以全面的运动效果。

五、心理训练

　　飞行人员作为一个特殊群体，其职业有着高风险性和高难度的特点，使得他们要承受很大的心理压力，因而对他们的心理品质和心理健康有着特定的要求。同飞行人员的心理选拔一样，飞行人员的心理训练也是维护飞行安全的重要措施之一。根据国际航空界专家介绍，良好的选拔是完成了培养一名合格飞行人员 50% 的工作，更重要的工作是必须在以后的训练中提升其综合能力。

（一）情绪管理

　　情绪管理是指用心理学的方法有意识地调适、缓解、激发情绪，以保持适当的情绪体验与行为反应，避免或缓解不当情绪与行为反应的实践活动。飞行人员学会情绪管理有助于及时化解消极情绪，预防飞行疲劳。情绪管理的常用方法如下：

1. 心理暗示法 是个人通过语言、形象、想象等方式，对自身施加影响的心理过程。自我暗示分消极自我暗示与积极自我暗示。积极自我暗示，可在不知不觉之中对自己的意志、心理以至生理状态产生积极影响；积极自我暗示可令自己保持好的心情、乐观的情绪、自信心，从而调动人的内在因素，发挥主观能动性。

2. 注意力转移法 是把注意力从引起不良情绪反应的刺激情境转移到其他事物上去或从事其他活动的自我调节方法。当出现情绪不佳的情况时，要把注意力转移到使自己感兴趣的事上去，如：外出散步、看电影、看电视，读书、打球、下棋、找朋友聊天、换换环境等，有助于使情绪平静下来，在活动中寻找到新的快乐。这种方法，一方面中止了不良刺激源的作用，防止不良情绪的泛化、蔓延；另一方面，通过参与新的活动，特别是自己感兴趣的活动，而达到增进积极的情绪体验的目的。

3. 适度宣泄法 过分压抑只会使情绪困扰加重，而适度宣泄则可以把不良情绪释放出来，从而使紧张情绪得以缓解、放松。因此，遇有不良情绪时，最简单的办法就是"宣泄"；宣泄一般是在私下进行，在知心朋友中进行的。采取的形式或是用过激的言辞抨击、谩骂、抱怨恼怒的对象；或是尽情地向至亲好友倾诉自己认为的不平和委屈等。一旦发泄完毕，心情也就随之平静下来。或是通过体育运动、劳动等方式来尽情发泄，或是到空旷的山林原野，拟定一个假目标大声叫骂，发泄胸中怨气。必须指出，采取宣泄法来调节自己的不良情绪时，必须增强自制力，不要随便发泄不满或者不愉快的情绪，要采取正确的方式，选择适当的场合和对象，以免引起意想不到的不良后果。

4. 自我安慰法 当遇有不幸或挫折时，为了避免精神上的痛苦或不安，可以找出一种合乎内心需要的理由来说明或辩解。以此冲淡内心的不安与痛苦。这种方法，对于帮助人们在大的挫折面前接受现实，保护自己避免精神崩溃是很有益处的。因此，当遇到情绪问题时，缓解矛盾冲突，消除焦虑、抑郁和失望，达到自我激励、总结经验、吸取教训的目的，有助于保持情绪的安宁和稳定。

5. 交往调节法 某些不良情绪常常是由人际关系矛盾和人际交往障碍引起的。因此，当我们遇到不顺心、不如意的事，有了烦恼时，能主动地找亲朋好友交流、谈心，比一个人独处胡思乱想、自怨自艾要好得多。另一方面，人际交往还有助于交流思想、沟通情感、增强自己战胜不良情绪的信心和勇气，能更理智地去对待不良情绪。

6.情绪升华法 升华是改变不为社会所接受的动机和欲望，使之符合社会规范和时代要求，是对消极情绪的一种高水平的宣泄，是将消极情感引导到对人、对己、对社会都有利的方向去。如因失恋而痛苦万分，不能因此而消沉，而应把注意力转移到学习中，立志做生活的强者，证明自己的能力。

（二）意志力训练

飞行耐力与飞行疲劳是一对矛盾，就飞行耐力而言，它是飞行人员保持长时间飞行的工作能力。职业飞行人员需要长时间地在驾驶舱内完成特定操作任务，没有坚强的意志力，其飞行耐力是无法保障的。

意志力是飞行人员身上的非智力因素，是在紧张、困难、复杂的情势下，使飞行人员养成顽强的意志和经受极大消耗的耐力。它是一种至高的境界，是人的信念、品格、胆识、忠诚、勇气等诸要素的凝集和升华，是对信念、职责表现出的义无反顾的忠诚与捍卫。增强意志力的方法如下：

1.强化正确的动机 动机是行为的源头和内驱力，是实现目标的强大动力。一个成功的飞行人员，首先是对飞行事业有强烈的向往、强烈的兴趣、强烈的爱好和对飞行执着的追求，将飞行看作自己职业生涯的最终目标。

2. 凡事持之以恒　持之以恒就要有耐心，要耐得住胜利前的寂寞，经受得住胜利前的失败。

3. 兴趣激发毅力　兴趣是毅力的门槛。一个人一旦对某种事物、某项工作产生内在的稳定的兴趣，那么，令人向往的毅力会不知不觉来到他身边，这是十分自然的事情。

4. 知行合一，由易入难　要想实现崇高伟大的志向，必须要知行合一，勇于实践。天底下再难的事情，只要能找到一个突破口，从最容易的地方着手，起点不要定太高，一点一点地去做，由易到难地去做，在做的过程中，每完成一部分，看到切切实实的成果，不但会增加自信心，还能积累经验，少走弯路，如此下去，再难的事情也总归会成功。

5. 积极主动，正视挫折　主动的意志力能让人克服惰性，把注意力集中于未来。在遇到阻力时，想象自己在克服它之后的快乐；积极投身于实现自己目标的具体实践中，你就能坚持到底。人生难免遇到挫折，跌倒了再爬起来。挫折虽然使人们前进的步伐受到阻碍，但也磨炼意志，增强才干和智慧。

6. 坚持体育锻炼　每一项体育运动都能锻炼相应的意志品质，如跑步、骑车、游泳等都可以锻炼顽强性；跳水、障碍跑、登山等可锻炼勇气和果断性；球类运功可锻炼主动性、独立性，体操、技巧、田径等可锻炼坚持性、自我控制力等。

六、飞行模拟训练

对于飞行人员来讲，飞行技能高超者在驾驶飞机过程中游刃有余，从容不迫；而飞行技能低劣者则手忙脚乱，疲惫不堪。确保飞行人员掌握必备飞行技能的唯一途径，就是训练，训练，再训练。飞行模拟机训练就是一种科学、有效、经济的训练方法，是现代飞行人员成长必经的阶梯。

七、放松训练

放松训练是指使有机体从紧张状态松弛下来的一种练习过程。放松有两层意思，一是肌肉松弛，二是消除紧张。放松训练的直接目的是使肌肉放松，最终目的是使整个机体紧张水平降低，达到心理上的松弛，从而使机体保持内环境的平衡与稳定。常采用三种方法：

1. 渐进性放松法　在进行渐进放松练习时，要选择一个安静的环境，采用坐位和卧位即可，闭上眼睛，参照放松的具体程序依次"紧张、放松"，每次肌肉收缩 5~10s，然后放松 10~30s，根据情况也可以调整这个时间。特别要注意体会肌肉紧张是什么感受，肌肉放松又是什么感受。也可以利用渐进性放松的录音磁带，边听边做，做一遍的时间是 20~30min。

2. **自生放松法** 又称自律训练，自生放松训练是通过特定的暗示语来降低或消除身心紧张反应，从而松弛身体的一种放松训练方法。它有6种练习的特定暗示语，进行自生放松训练，可采用卧姿、坐姿或半躺式练习姿势，以全身放松舒适为原则。在练习过程中，一边默念特定的暗示语，一边要进行积极想象，并注意体会相应的四肢温暖和沉重等感觉。自生放松法最大的优点是暗示语容易记，便于练习者自己随时随地进行练习。

3. **东方静默法** 静默可翻译为冥想、沉思、入静、静坐、静思。根据训练过程不同，静默又分为东方静默、松弛反应和超觉静坐等方法。著名的中国气功、印度瑜伽、日本坐禅中都包括放松训练的内容。

第五章　飞行疲劳的消除与恢复措施

一、物理疗法消除疲劳

　　飞行人员是一个特殊群体，飞行疲劳引起肌肉劳损、颈肩腰背疼痛等相关问题较为突出。严重的飞行疲劳如不能及时缓解，极易导致飞行人员不能集中精力或烦躁不安，严重影响飞行质量，甚至威胁飞行安全。但由于飞行人员的药物治疗受到严格限制，故采用物理疗法是较为稳妥的手段。

1. 训练性恢复

　　（1）拉伸　　训练前可以做 5~10min 拉伸，训练后再做 10~15min 拉伸。拉伸不仅可以增加肌纤维弹性，还可使肌肉内的代谢产物尽快进入血液，便于解毒和排毒。

　　（2）积极性休息　　该方法使人体疲劳恢复的时间比被动休息时间将近缩短一半。在训练结束后不能立即停下，而要采取 40%~60% 的专项训练强度进行恢复或者进行 15~30min 的低强度慢跑。

15~30min

2. 物理性恢复

（1）水疗法　利用水的温度、浮力、静水压力和机械力等，达到促进血液循环、放松肌肉、舒缓减压的目的，包括淋浴、浸浴、蒸汽浴和水中按摩等，可在全身或局部应用。可降低神经系统兴奋性，有镇静安神和心理减压作用；可促进毛细血管扩张，有舒张血管和降压作用；可降低肌肉兴奋性、减轻肌肉骨骼负荷，有松弛肌肉作用；可促进炎性渗出物吸收和减少乳酸等代谢产物堆积，有消除水肿和肌肉酸痛的作用。

☆**浸浴或淋浴**：温水浴（37℃~39℃），每次 10 ~ 20min，或热水浴（40℃~44℃），每次 10 ~ 15min，以浸浴为优，可每 1~2 天一次，或必要时进行。

☆**局部浴**：将局部疲劳部位浸入水中。温水浴或热水浴可松弛肌肉、缓解肌肉酸痛；冷水浴或冷热交替水浴可消除水肿、促进乳酸消除。温水浴或热水浴所用温度和时间浸浴；冷水浴（14℃~20℃），首次 2 ~ 3min，每次逐渐延长，适应后可至 10min；冷热交替水浴，热水浴（38℃~40℃）2min，而后冷水浴（14℃~20℃）1min，交替循环 3 次，共约 10min。

☆**蒸汽浴**：进入蒸汽浴室后，取平卧或坐位，10 ~ 15min。

☆**水中运动疗法**：在浸浴或局部浴的基础上结合手法按摩、康复训练或流水机械压力的作用，促进水疗达到更好效果。

（2）综合应用治疗　物理因子治疗作用相互叠加，有利于缩短治疗时间，取得事半功倍的效果。

①中频电流作用于肌层，具有镇痛镇静、解除痉挛等作用，辅以半导体激光促进微循环，改善组织缺氧状态，促进机体的物质代谢和能量代谢，并可直接作用于神经末梢感受器，起到快速镇痛等作用。

②超短波作用部位较深，利用其热效应及非热效应加快局部组织代谢过程，促进渗出物吸收、减轻水肿、增强免疫系统功能、抑制急（慢）性炎性反应。

③紫外线主要作用于表皮浅层，其杀菌、消炎、收敛作用配合激光、超短波治疗，可改善局部血液循环、加速炎性物质的消散和增强免疫力。

④中频电疗辅以耳穴疗法，能调节机体功能紊乱、改善睡眠、治疗便秘，对缓解紧张劳累引起的肌肉酸痛等症状均有较好疗效。

☆治疗方案：

1. 电脑中频＋半导体激光＋
   超短波治疗——主要用于
   颈、肩、肘、腕、腰背部
   及下肢酸痛患者。
2. 半导体激光＋紫外线＋

> 超短波治疗——主要用于咽喉疼痛、牙龈肿胀、口唇疱疹、鼻炎、中耳炎及皮肤毛囊炎。
>
> 3.耳穴疗法＋电脑中频治疗——主要用于睡眠障碍、乏力、胃肠不适、便秘等。

（3）**吸氧法**　吸氧提高吸入气的氧分压，提高了循环血液中的氧含量和组织内氧的弥散量。有高强度体力疲劳后促进有害代谢产物清除。同时降低交感神经兴奋性，有助于脑力疲劳的恢复。

二、中医穴位按摩消除疲劳

（一）穴位按摩缓解疲劳

1. 百会穴

【位置】　头顶的正中线和两耳尖连线的交点处，也就是在头顶的正中心。

百会穴

【功能】　百会穴是人体诸多穴位的交会处。经常按摩这个穴位，可以将人体的一半经络以及大部分的穴位都带动起来，有健脑和升提补气的功效。

2. 风池穴

【位置】　后颈部，后头骨下，两条大筋外缘陷窝中，与耳垂齐平、后发际的凹陷处。

风池穴

【功能】 按压风池穴，可以增加颈部、脑部的血流量，缓解颈部僵硬，增强大脑功能，如记忆力等。

3. 肩井穴

【位置】 乳头正上方与肩线交接处。

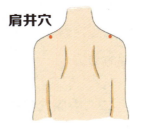

肩井穴

【功能】 按压肩井穴缓解肩周炎等颈肩方面的疾病。除此之外，头部的酸痛、眼睛疲劳、耳鸣、落枕等问题，也可按压肩井穴来缓解。

4. 曲池穴

【位置】 肘部，屈肘最高点凹陷处。

曲池穴

【功能】 按压曲池穴可以降火降压，可达到清热祛火的目的。对于因热、干导致的便秘，有很好的缓解作用。若血压居高不下，除药物调理外，按压曲池穴，可以帮助降低血压。

5. 膻中穴

【位置】 人的胸部正中，两乳头连线的正中位置。

【功能】　膻中穴是气会，通过刺激膻中穴，可以调理气机，恢复气的正常运动状态，从而缓解因为不良情绪带来的不适，消除不良情绪对人体气机的影响。

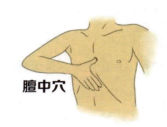

膻中穴

6. 肩中俞

【位置】　背部第7颈椎棘突下，旁开2寸（当我们低头时可在颈项部下面摸到有一高突的椎骨，用手按住并转动脖子则可以感觉到它也随之转动，该处就是第7颈椎棘突。拇指的关节宽度，也就是横纹处为1寸；把自己的四指并拢为3寸；中指和示指并拢是1.5寸）。

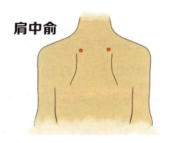

肩中俞

【功能】　肩背痛、颈椎病的时候，常按压肩中俞穴位，可以促进颈部、脑部的血液供给。咳嗽、气喘、看不清东西时，也可以按压这个穴位。按压的时候，以感到酸胀为宜。

7. 内关穴

【位置】　右手3个手指头并拢，无名指放在左手腕横纹上，右手示指和左手手腕交叉的中间点就是内关穴了。反之亦然。也可以攥一下拳头，手腕关节处有

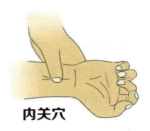

内关穴

两根筋突起，内关穴就在两根筋处。

【功能】 按压内关穴对晕车有一定的缓解作用。突然胃痛，也可以点按内关穴来缓解，常常能起到立竿见影的效果。

8. 肾俞穴

【位置】 后腰与肚脐正对的穴位为命门，命门穴旁开 1.5 寸就是肾俞穴（取穴的时候，把中指和示指并拢，就是 1.5 寸）。

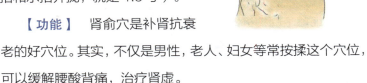

肾俞穴

【功能】 肾俞穴是补肾抗衰老的好穴位。其实，不仅是男性，老人、妇女等常按揉这个穴位，可以缓解腰酸背痛，治疗肾虚。

9. 合谷穴

【位置】 手背虎口处，第1、2 掌骨间，约当第 2 掌骨中点处。或以一手的拇指关节横纹放在另一手拇示指之间的指蹼缘上，拇指尖尽头处即是。

合谷穴

【功能】 "面口合谷收"是说合谷穴具有疏调面部经气，善治头面、五官部等（如头、面、目、口、齿、喉、鼻）病症。

（1）治疗面部疾病 大肠经上行头面，环循口唇，所以它可用于治疗一切与面部疾病有关的病症,如头面汗出、扁桃体炎、咽喉肿痛、迎风流泪等症。

（2）**镇痛** 合谷还是镇痛最有效、最常用的穴位，一直为历代医家所推崇，临床医生常用合谷治疗牙痛、子宫收缩痛、头痛、三叉神经痛、腹痛、手臂疼痛等。

10. 委中穴

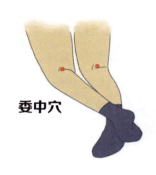

委中穴

【**位置**】 膝关节后侧，也就是腘窝处，腿屈曲时腘窝横纹的中点。

中医认为"腰背委中求"，因为它属于从腰背部而来的膀胱经的两条支脉的会合之处，所以是治疗腰背部疾病的重要穴位。常按该穴对缓解颈部酸痛、腰部疼痛等肌肉疲劳、膝关节疼有很好的效果。

11. 血海穴

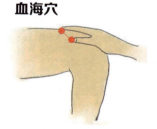

血海穴

【**位置**】 用掌心盖住膝盖骨（右掌按左膝，左掌按右膝），五指朝上，手掌自然张开，大拇指端下面便是此穴。

【**功能**】 血海穴是足太阴脾经的一个穴位，是脾经所生之血聚集的地方，所以按摩血海穴有化血生气血之效。常言道，补血找血海，补气找气海。拍打或按摩血海穴，对妇女月经不调、痛经、经闭等疾病都有效。

12. 足三里

【位置】 "外膝眼"直下四横指处。

【功能】 这是一个强壮身心的大穴，经常按压或艾灸，可以调和肠胃、强身健体、益寿延年。

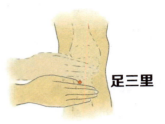

足三里

13. 三阴交

【位置】 小腿内侧，足内踝上缘三指宽，在踝尖正上方胫骨边缘凹陷中。

【功能】 调和气血，通经活络，健脾和胃，消谷化食，调经止痛，宁心安神，补阴除烦。有腹胀肠鸣、大便泄泻、月经不调、神经衰弱、肾虚阳痿、失眠健忘、精力不足、容易疲劳等病症者按压三阴交穴可得到缓解。

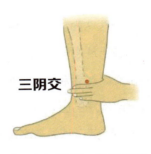

三阴交

14. 涌泉穴

【位置】 用力弯曲脚趾时，足底前部出现的凹陷处。

【功能】 涌泉穴是肾经的起始穴位。"涌泉"意即肾经之气犹如源泉之水始于足下，涌出灌溉周身四肢各处，因此，涌泉穴在人体养生、保健、防病方面有重要作用。常按摩足心能够调节肾经，补益肾气，起到强肾固腰的作用，还能促进足部血脉循环，改善局部营养，通畅全身气血，从而解除肢体疲劳，达到抗衰防老、延年益寿的目的。

15. 太冲穴

【位置】 足背第一、二跖骨结合部之前凹陷中。

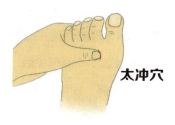

太冲穴

【功能】 太冲穴有个俗名，叫"出气包"，顾名思义，生气的时候，就拿它出出气，按、压、揉，可以达到疏肝解郁，畅通气血的目的，避免生气伤身。

（二）穴位按摩治疗失眠

经常失眠可以记住以下几个穴位，坚持睡前花几分钟按摩一下，对改善失眠有很好的效果。

1. 四神聪

【位置】 在头顶，两耳尖连线的中点就是百会穴，在百会穴前后左右各 1 寸的地方有 4 个穴位，这 4 个穴位统称四神聪。

四神聪

后神聪　神聪　神聪　前神聪

【按摩方法】 用双手示指和中指分别对准 4 个穴位，持续点揉 1min，有局部酸胀感最佳。

【功能】 治疗神经衰弱，失眠不寐、健忘、眩晕、耳鸣、耳聋等。

2. 安眠穴

【位置】 在颈部后面，耳后高骨的外后缘。

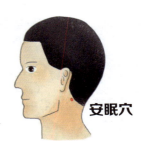

安眠穴

【按摩方法】 仰卧位或者坐位，按摩者用双手中指顺时针方向按揉安眠穴 2min，再逆时针按揉 2min，局部有酸胀感为佳。

【功能】 治疗失眠、心慌、头晕、头痛、烦躁、耳鸣、高血压等。

3. 神门穴

【位置】 掌心向上，前臂靠小指侧的腕横纹上。

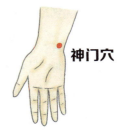

神门穴

【按摩方法】 用拇指尖持续点按揉一分钟，有局部酸胀感最佳。

【功能】 治疗失眠多梦、心慌、精神分裂、神经衰弱等。

（三）缓解眼疲劳的穴位

采取坐式或仰卧式均可，将两眼自然闭合。然后依次按摩眼睛周围的穴位。要求取穴准确、手法轻缓，以局部有酸胀感为度。

1. 攒竹穴

【位置】 位于人体的面部，眉毛内侧边缘凹陷处（当眉头陷中，眶上切迹处）即是。

【功能】 治疗头痛、口眼歪斜、目视不明、流泪、目赤肿痛、眼睑（睸）动、眉棱骨痛、眼睑下垂。此外对迎风流泪（俗称"漏风眼")、眼睛充血、眼睛疲劳、眼部常见疾病、假性近视等有治疗作用。

2. 睛明穴

【位置】　位于面部，目内眦角稍上方凹陷处。

【功能】　治疗目赤肿痛、流泪、视物不明、目眩、近视、夜盲、色盲。此外对迎风流泪、偏头痛、降低眼压、消除疲劳等有作用。

3. 鱼腰穴

【位置】　正坐位或仰卧位，穴在瞳孔直上，眉毛中。

【功能】　镇惊安神，疏风通络，有改善疲劳与头痛的作用。

4. 丝竹空穴

【位置】　在眉梢凹陷处。

【功能】　有明目止痛的作用。

5. 瞳子髎穴

【位置】　在眼角外侧约一指幅的凹陷处。

【功能】　有改善眼周循环、消除疲劳、延缓眼睑皮肤下垂的作用。

6. 承泣穴

【位置】　承泣穴位于面部，瞳孔直下，当眼球与眶下缘之间。

【功能】　散风清热，有改善眼睛红痛、目赤肿痛、流泪、夜盲、眼睑（目闰）动、口眼歪斜的作用。此穴是穴道疗法中治疗眼疾非常重要的穴道之一。

三、药物治疗消除疲劳

利用药物作用对抗睡眠剥夺所产生的不良影响是一种行之有效的方法。目前国外主要集中在中枢兴奋性药物和镇静催眠药物这两类药物的研究方面；国内则对使用植物中药（人参、红景天等）对抗睡眠剥夺的研究较多。

注意：请在医师指导下使用药物。

（一）具有抗疲劳作用的化学药物

1. 镇静催眠药物　镇静催眠药用于在进行长时间的连续工作或长航任务之前，以促进睡眠，即进行预防性睡眠调节。尤其是对那些由于环境应激影响造成的入睡困难或非节律性时间入睡困难，采用服药的方法能有效地促进入眠。镇静催眠药主要包括苯二氮䓬类和巴比妥类催眠药、褪黑素以及色氨酸。

2. 中枢兴奋药　此类药物能维持大脑觉醒并保持工作效率。主要包括苯丙胺类、莫达非尼、咖啡因等。

3. 药物快速复苏　可以在通过三唑仑或者其他药物诱导睡眠后用氟马西尼来恢复清醒和作业效能。氟马西尼不属于兴奋剂，单用时对觉醒与作业效能没有影响，但可阻断苯二氮䓬类药物的作用。

（二）抗疲劳中药

1. 刺五加　又称五加参、刺拐棒，是五加科植物刺五加的根和根茎。该药性温、味辛、微苦、无毒、入脾肾经；能扶正

固本、补肾健脾、益智安神；主治脾
肾阳虚、腰膝酸软、体虚乏力、失眠、
多梦、食饮不振。刺五加制剂能提高
摄氧能力，节省肌糖原，从而发挥抗
疲劳作用。

2. 红景天　其化学成分包括红景天苷、有机酸、挥发油、
微量元素等，其药理活性成分红景天苷具有显著的抗疲劳作用。
同时红景天还具有其他药用价值，如在抗衰老、抗辐射、抗病毒、
抗肿瘤等方面的作用也十分显著。

3. 黄芪　黄芪为豆科多年生草本植物膜荚黄芪和蒙古黄芪
的干燥根；味甘性温，入脾肺二经。有补气升阳、固表止汗、
托毒排脓、利水消肿和生肌等功效。黄芪的主要成分为黄芪皂苷、
黄芪多糖、氨基酸、微量元素和钙等。

4. 灵芝　灵芝为多孔菌科真菌赤芝或紫芝的干燥子实体，
性平味甘、归心肺肝经、能益气血、安心神、健脾胃。研究显
示灵芝液能加快血乳酸清除，提高运动耐力，延缓疲劳。

5. 人参　人参为五加科多年生草本
植物，味甘、微苦、性温，素有"百草药"
之美称。人参可提高思维和机体活动能力，
不但能加强神经系统的兴奋作用，也能增
强其抑制过程，使抑制趋于集中，使兴
奋和抑制过程得以平衡，提高人的智力

和体力的劳动效率。

6. 雪莲　雪莲为菊科凤毛菊属植物。其化学成分主要包括黄酮、倍半萜内酯、香豆素、有机酸、多糖等，具有抗风湿、镇痛、调节心血管系统、抗癌、抗疲劳等生物活性。

7. 淫羊藿　浮羊藿又称仙灵脾。淫羊藿对心脑血管系统、血液系统、免疫系统、生殖系统、骨骼系统等有一定的保健作用，具有调节免疫功能、抑制肿瘤，改善心血管系统功能，缓解妇女更年期症状，调节内分泌，抗骨质疏松、抗肝毒素，以及抗氧化、抗衰老、抗疲劳等多种生理活性。

8. 银杏叶　银杏叶为银杏科植物银杏的干燥叶，味甘、苦、涩、性平、具有活血化瘀、通经止痛、敛肺平喘、化浊降脂等功效，用于瘀血阻络、胸痹心痛、中风偏瘫、肺虚咳喘和高脂血症。以黄酮为主要有效成分，有扩张冠状动脉，改善血液微循环等功效。

9. 螺旋藻　螺旋藻所含的烟碱酸、维生素 B_6 和钙化葡萄糖酸盐混合物可辅助提高运动能力，增强激素的活力和神经系统的功能，维持体内肌糖原的储存，能发挥抗疲劳作用。

10. 其他抗疲劳中药　山药、枳壳等能改善肌糖元、肝糖元等指标，有较好的增强能量代谢的作用,有利于提高运动能力。除此之外，麦冬、党参、枸杞子、葵藜、冬虫夏草、杜仲、白芍、绞股蓝、葛根、当归、熟地、何首乌、三七、鹿茸等均对抗疲劳有一定的疗效。

四、饮食调节消除疲劳

（一）营养素与抗疲劳

营养素是指能在体内吸收，可供给热量，构成机体组织和调节生理功能，维持机体进行正常代谢所必需的物质。人体所需要的营养素有蛋白质、脂肪、糖（碳水化合物）、维生素、矿物质、膳食纤维和水七大类。营养素通常来自食物，但任何一种食物不可能包含人体所需的各种营养素，各种食物中的营养素的种类和含量也不相同，而任何一种营养素也不具备各种营养功能。因此，人体需要从多种食物中获得所需要的各种营养素。

营养素在功能性食品研究中又称营养强化剂。人体在运动和劳动过程中，消耗了大量的能源物质（各种营养素及体内贮能物质），这是人体产生疲劳的重要原因。

1. 蛋白质的抗疲劳功用　蛋白质是构成肌肉的主要原料，是血红蛋白、肌红蛋白和各种酶与激素的主要构成成分，因而对肌肉的收缩力，体内氧的供应，运动中的调节能力都有重要的影响，同时可影响神经系统的兴奋性和体内环境的稳定性，对疲劳的产生有重要的影响。人体运动会引起蛋白质分解加速。

2. 脂肪的抗疲劳功用　脂质是人体代谢的重要能源物质，是人体细胞膜和神经组织的重要组分，对神经组织和细胞膜的完整性及保证神经冲动的传递有重要作用。脂肪中的固醇是人体雄性激素的重要成分，雄性激素对大运动量训练和高强度劳动时维持高水平供氧能力以及较高昂的工作运动情绪有重要意义。

　　3. 糖的抗疲劳功用　　糖是构成人体的重要组成成分之一，是人体的主要供能物质，人体内的糖主要是葡萄糖和糖原。血液中的葡萄糖又称血糖，血糖随血液循环流经人体各个组织，以供给这些组织；肝脏和肌肉中的糖是以糖原形式存在的，糖原是葡萄糖在体内的存在形式，人体内的葡萄糖和糖原在人劳动或运动中被大量消耗，剧烈运动至衰竭时，肌糖原可下降到安静水平的 25%，肝糖原和血糖水平也明显下降，从而影响了脑细胞的功能，造成中枢疲劳，运动能力降低。如果人体中糖的贮量增加，则可以延缓上述现象的出现，提高运动或劳动耐力。

　　4. 维生素的抗疲劳功用　　维生素除了有重要的营养价值外，还具有一定的抗疲劳功用。补充维生素 B_1，有助于消除运动引起的疲劳感。运动时，肌肉所使用的力量主要来自糖转变成的能源。维生素 B_1 在糖变成能源阶段扮演着催化剂的角色。一旦维生素 B_1 不足，就会积存其中间产物丙酮酸，还大量制造疲劳物质——乳酸，使肌肉疲劳。所以缺乏维生素 B_1 时，肌肉会觉得疲劳。

　　维生素 C 不足的初期症状是倦怠感。另外，维生素 E 是一种抗氧化剂，能增加机体的耐氧能力，减少过氧化物的产生，终止体内脂肪的过氧化降解作用，使不饱和脂肪酸稳定，防止细胞内和细胞膜上不饱和脂肪酸等易氧化物被氧化和被破坏，从而保护细胞膜的完整。保护细胞膜及多元不饱和脂肪酸不被氧化，从而提高运动时机体的耐受力，进而减轻疲劳。

5. 矿物质的抗疲劳功用　矿物质是人体的组成成分，虽不能提供能量，但在维持机体正常生理功能方面具有重要作用。例如，缺铁会导致贫血，表现为疲乏无力。不同的矿物质在体内具有不同的生理功能，对高强度劳动者和运动员来说，影响较大且易缺乏的无机元素主要有钙、磷、铁、钾、钠、锌等。

6. 水的抗疲劳功用　人体的基本功能都依赖于水这种简单的物质才能顺利进行。因此说"疲倦是最高的脱水信号"也就并不奇怪了。每天早上喝一大杯水，不仅有助于保持身体水分，还可以促进新陈代谢。

（二）具有抗疲劳作用的常见食物

1. 小麦　小麦含有蛋白质粗纤维、碳水化合物、脂肪、钙、磷、钾、维生素 B_1、维生素 B_2 及烟酸等成分。中医认为小麦有生津止汗、养心益肾、镇静益气、健脾厚肠、除热止渴的功效，适用于体虚多汗、舌燥口干、心烦失眠。古代就有"小麦养心气"的说法，它对于精神安定及增进体力有良好功效。

2. 燕麦　燕麦是药食同源食品，具有降低胆固醇，预防糖尿病、结肠癌和心血管疾病，减肥和提高性功能等功效。此外，燕麦具有改善人体心理状态，提高机体免疫能力，刺激骨骼肌蛋白合成等多种功能，还具有明显的抗疲劳作用。

3. 大豆　大豆中含有的磷、铁、钙元素明显多于谷类。大豆中维生素 B_1、维生素 B_2 和烟酸等 B 族维生素含量也比谷类多数倍，并含有一定数量的胡萝卜素和丰富的维生素 E。此外，大豆还含有重要的大豆异黄酮、大豆低聚糖、大豆皂苷、大豆卵磷脂等成分。大豆低聚糖、大豆皂苷、大豆卵磷脂都有抗疲劳的作用。

4. 大枣　大枣中含有多种生物活性物质，如大枣多糖、黄酮类皂苷类、三萜类、生物碱类、环磷酸腺苷、环磷酸鸟苷等，对人体有多种保健治病功效。大枣具有补虚益气、养血安神、健脾胃等作用，是脾胃虚弱、气血不足、倦怠无力、失眠多梦等患者良好的营养品。大枣多糖在提高机体对运动负荷的适应能力、抵抗疲劳产生或加速疲劳的消除方面有明显的作用。

5. 桂圆　中医认为桂圆性温，味甘、无毒、入心脾二经，能滋益心脾、大补气血、宁心安神，常用以治疗思虑过度、劳心伤神、虚羸羸弱、失眠健忘等症状。桂圆抗疲劳作用也较为突出，桂圆中含有丰富的葡萄糖、蔗糖及蛋白质等，含铁量也较高，可在提高热量、补充营养的同时，促进血红蛋白再生以补血。

6. 猕猴桃　猕猴桃具有延缓人体衰老、抗癌、抗疲劳、抗脂质过氧化、防辐射、提高免疫力等多种药理活性。猕猴桃果汁具有抗疲劳、耐缺氧作用。

7. 蜂蜜　蜂蜜不仅具有滋养、润燥、解毒、养颜润肠通便等功效，也适用于体力活动之后消除疲劳。在繁重的体力劳动后，身体中会因为应激反应而导致胰岛素分泌增加，血糖被大量分解，血糖水平也就会随之下降，维持相对稳定的血糖水平，对肌肉的恢复以及疲劳感的消除至关重要。

8. 茶　茶作为中华民族的传统饮料已经有四五千年的历史，有提神解乏的功效。茶具有降心火、抗疲劳、壮精神的作用。茶叶中的有机化学成分和无机矿物元素含有许多营养成分和药效成分。有机化学成分主要有茶多酚类、植物碱、蛋白质、氨基酸、维生素、果胶素、有机酸、脂多糖、碳水化合物、酶类、色素等。其中已被证明具有抗疲劳作用的成分主要有茶氨酸、茶多酚、茶碱、咖啡因等。红茶、青茶、黑茶都被发现具有抗疲劳作用。

9. 咖啡　咖啡主要成分有咖啡因、单宁酸、脂肪、蛋白质、碳水化合物、矿物质。咖啡因又称咖啡碱，是咖啡豆和茶叶中的主要生物碱，为黄嘌呤类中枢兴奋剂，对大脑皮质有选择性兴奋作用。咖啡因可有效对抗睡眠剥夺引起的精力下降、疲劳和精神混乱，延长进入睡眠的时间，提高警觉水平并使情绪得到明显改善，还能改善听觉注意力。

10. 海参　海参营养价值高，其蛋白质含量较羊肉、瘦猪肉、牛肉高，是典型的高蛋白、低脂肪、极低胆固醇、富含矿物质和维生素的优质食品，有补肾益精、养血润燥、滋阴健阳等作用。研究表明海参具有提高记忆力，延缓衰老，防止动脉硬化、糖尿病以及抗肿瘤等作用。海参中丰富的酸性黏多糖和精氨酸，有明显的机体调节功能和抗疲劳作用。

五、心理干预消除疲劳

1.心理调节　是通过正确的认识和评价个人所处的环境，尽力消除那些不愉快的心理刺激和生活事件，理智接受非个人能力能改变的现实，从而去良好地适应，并使情绪积极而稳定，保持自我意识良好，达到保持心身健康的目的。

（1）暗示调节　心理学研究表明，暗示作用对人的心理活动和行为具有显著的影响，内部语言可以引起或抑止不好的心理和行为。自我暗示即通过内部语言来提醒和安慰自己，如提醒自己不要灰心，不要着急等，以此来缓解心理压力，调节不良情绪。暗示是一个正常的心理现象，人群中约有 1/3 的人有较强的暗示和自我暗示效应，他们容易无条件、非理性地接受一些观念和说法。

（2）放松调节　用放松的方法来调节因挫折所引起的紧张不安感。放松调节是通过对身体各部主要肌肉的系统放松练习，抑制伴随紧张而产生的血压升高、头痛以及手脚冒汗等生理反应，从而减轻心理上的压力和紧张焦虑情绪。

（3）**呼吸调节**　也是情绪调节的一种方法，是通过特定的呼吸方法来解除精神紧张、压抑、焦虑和急躁等。比如紧张时，采用深呼吸的方法可减缓紧张感。平时也可以到空气新鲜的大自然中去做呼吸训练，使情绪得到良好调节。

（4）**想象调节**　受挫心理调节能力并非要等到受挫后再来培养，而是在平时就要训练。想象调节既是指在想象中，对现实生活中的挫折情况和使自己感到紧张焦虑的事件进行预演，学会在想象的情境中放松自己，并使之迁移，从而达到能在真实的挫折情境和紧张的场合下对付各种不良的情绪反应的目的。想象的基本做法是：首先学会有效的放松；其次把挫折和紧张事件按紧张的等级从低到高排列出来，制成等级表；然后由低向高进行想象训练，就能达到情绪改善的效果。

2. 音乐调节

（1）**音乐**　音乐是颐养心神，祛病延年的一剂良药。人处在优美悦耳的音乐环境之中，神经系统、心血管系统、内分泌系统和消化系统的功能可以得到改善，人体可分泌一种有利于身体健康的活性物质，这种物质可以调节体内血管的流量和神经传导。良性的音乐能提高大脑皮质的兴奋性，改善人们的情绪，激发人们的感情，振奋人们的精神。同时有助于消除心理、社会因素所造成的紧张、焦虑、忧郁、恐怖等不良心理状态，提高应激能力。

（2）**音乐疗法**　疗程一般定为 1~2 月，也有以 3 月为一疗程的，每周 5~6 次，每次 1~2h。在具体实施时，如何选择音乐或歌曲是重要的问题，原则上首先应适合个人的心理（尤其情绪方面），更要适合个人的疲劳程度；然后编制设计，规定出一系列适用的音乐处方。

（3）音乐体感振动治疗 音乐体感振动治疗所采用的音乐曲目是经过音乐、心理等多学科的选择，并且经过特殊方式录制的，能够最好体现音乐体感振动的音乐乐曲。根据飞行人员疲劳状况分析乐曲的振动波形和疗效之间的关系，选择波形分为三大类。

①慢周期信号波：包括二钟波、念波、交互波、碎波、紧虚波、摇波等波形，主要功效为使人放松、镇静等。

②快周期信号波：包括交断、摇交断、钟风等波形，主要功效为使人欢快、轻松。

③快周期、紧迫信号波：包括觉醒等波形，主要功效为使人觉醒和振奋。

六、定期疗养消除疲劳

疗养在改善机体功能，增强机体抵抗力方面有特殊功效。

自 20 世纪 50 年代开始，医学的发展促使疗养与康复治疗措施及早地介入临床治疗，在预防、治疗、康复阶段采用更全面有效的综合治疗手段，其内容之一即积极采用自然疗养因子。这种方法对增强体质、防治疾病、促进康复起到非常好的作用，是药物疗法所不能比拟的。

1. 疗养的目的意义　飞行人员每年进行一次特勤疗养（必要时进行康复疗养），有利于调整生理、心理的不平衡状态，达到预防疾病发生或抑制病情发展的目的；有利于消除飞行疲劳，达到提高工作效率的目的；有利于早期发现和及时治疗疾病，达到维持健康状态，增强体质和延长飞行年限的目的。

2. 疗养内容　包括体格检查、医学鉴定、疾病矫治、航空生理训练、体育锻炼、心理测试和保健、疗养营养、娱乐活动和生活管理、疗养效果评定等。同时以预防为主，防治结合，在对飞行人员伤病矫治过程中，重视各种伤病的预防工作，增强防病和自我保健意识，以提高身体和心理素质，促进疲劳恢复。

3. 疗养因子应用　充分利用疗养地自然疗养因子和人工物理疗法，如气候疗法、日光浴、海水浴、矿泉浴、景观疗法及人工物理疗法、针灸疗法、推拿疗法、中西医结合疗法等，实施综合治疗，全面恢复疲劳，对引起的疾病以求速效、高效的康复。

4. 疗养期限　飞行人员特勤疗养 30d，康复疗养 30d，必要时可以延长 60d 或更久（根据需要）。疗养期间科学地安排疗养生活，严格生活管理，在有限的疗养期内，保证各项疗养措施的落实，并充分发挥各种疗养因子的最大效能，获得最好的疗养效果。

第六章 飞行疲劳管理的方法

一、健康档案的建立

个人健康档案，包括以问题为中心的个人健康问题记录和以预防为导向的疲劳干预记录（辅助检查记录、周期性健康检查记录）。

1.个人健康问题记录 多采取以问题为中心的医疗记录，由基本资料、问题目录、问题描述及问题进展记录、病情流程表等组成。

（1）**基本资料** 一般包括人口学资料（如年龄、性别、婚姻、种族、社会经济状况等）、行为资料（如吸烟、饮酒、饮食习惯、

运动、就医行为等）、个人史（药物过敏、月经史等）。同时应尽可能采集工作状况、心理健康等相关材料。

（2）**问题目录** 问题目录中所记录的问题是指过去影

响、现在正在影响或将来还要影响健康的异常情况。可以是明确的或不明确的诊断，可以是无法解释的症状、体征或实验室检查结果，也可以是社会、经济、心理、行为问题（如任务失败、丧偶、偏异行为等）。

（3）问题描述及问题进展记录　问题描述将问题表中的每一问题依序号逐一以"S-O-A-P"的形式进行描述。

S代表患者的主观资料：主观资料是由患者提供的主诉、症状、病史等，医生的主观看法不可加入其中，要求尽量用患者的语言来描述。

O代表客观资料：是医生诊疗过程中观察到的患者资料，包括体检所见之体征、实验室检查、心理测试等检查的资料，以及患者的态度、行为等。

A代表评估：完整的评估应包括对问题的判断、与其他问题的关系、问题的轻重程度及预后等。

P代表计划：也称与问题相关的计划，是针对问题提出的，每一问题都有相应的计划，包括干预计划、患者指导等。

（4）病情流程表　流程表以列表的形式描述疲劳状况在一段时间内的变化情况，包括症状、体征、检验结果、干预措施、行为等。

流程表通常在飞行疲劳的干预进展一段时间后制作，将资料做一图表化的总结回顾，可以概括出清晰的轮廓，及时掌握疲劳发展状况，便于修订干预计划、患者的教育计划等。

2. 疲劳干预记录　记录建档人所采用的疲劳干预手段和

其持续时间、干预效果等。

（1）**辅助检查记录**　记录实验室检查、疲劳检测、心理测试等项目名称、检查结果及结果描述。

（2）**周期性健康检查记录**　包括有计划的健康普查（如测血压、闪光融合频率测定、眼动跟踪测量等）、一般干预手段和健康教育等。

二、飞行疲劳健康教育

（一）健康教育的目的

1. 增强健康观念。

2. 提高和维护健康。

3. 防止疲劳导致的严重不良后果发生。

4. 改善人际关系，增强飞行人员的自我保健能力，使其摒弃陋习，养成良好的卫生习惯，倡导文明、健康、科学的生活方式。

（二）健康教育的方法

1. 个体教育法　是通过与个体谈话的形式给予个别指导。

个体教育法的特色如下：

（1）**规模小**　指导者与学习者能够较容易地建立互相信任的关系。

（2）**针对性**　与群体教育相比较，指导者容易得到学习者的反馈信息，因此教育的内容更具针对性。

（3）**有效性**　个别教育便于顾及个人的能力与需要，能够有效地达到教学目标。

（4）**个性化** 个别教育便于引入一些敏感话题。

2. 群体教育法 根据所在单位飞行人员具体情况，定期组织报告会、专题讲座、小组讨论会等，对飞行人员进行健康教育。

（1）**报告会** 为经验交流性质。其特点为规模大、听众多、内容具体，容易收到预期效果。例如请资深的飞行人员传授飞行疲劳恢复经验、飞行人员飞行疲劳情况交流等。

（2）**专题讲座** 医护人员就飞行人员群体近期所关注的主要健康问题，开办专题讲座。如飞行疲劳导致的慢性病防治，可从病因、病理、临床表现、预防、治疗及心理等多方面进行知识传授，使飞行人员由浅入深地了解，并掌握这些知识，改变自己的不良生活行为。

（3）**小组讨论会** 小组讨论会是一种人数不多，5~30人的小型会议。这种形式的教育方法特别适合情感、心理领域的知识传授。其特点是主持者和学习者一起围绕中心议题展开讨论，参加者畅所欲言，各抒己见；与会者之间相互学习，相互帮助。

3. 文字教育法　文字教育法就是以语言文字为工具，将人们所需要的健康知识编写成为通俗、易懂、生动、简明的文学材料，以传单、报刊、书籍、小册子、卫生黑板报等形式为载体，使人们在潜移默化中明白科学道理，养成健康行为。文字教育方法是健康教育中最基本的，也是最广泛使用的一种健康教育方式。

　　4. 形象化教育法　形象化教学的方式是多种多样的。采用实物、标本、模型、照片、示范表演等方式教学都属于形象化教学。这种形式的教学方法有着其他形式无法比拟的优点，可以启发人们的求知欲和好奇心，让人们很自然地产生信服感。指导者进行示范表演时，学习者不但能用眼睛看示范的物品、指导者的动作与表情，而且能够用耳朵听指导者的解说。这种视听结合的教学法可以提高学习者的学习效率。

　　5. 多媒体教育法　运用现代化技术手段，把抽象、难懂的概念形象化进行教学。具体地讲就是应用电影、电视、幻灯、广播、收音、录音、录像、语音实验室、计算机等教具进行教学。

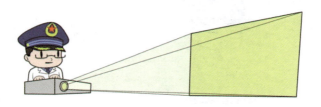

三、健康风险评估

（一）健康风险评估的概念

健康风险评估是通过所收集的大量个人健康信息，分析、建立生活方式、环境、遗传等危险因素与健康状态之间的量化关系，预测个人在一定时间内发生某种特定疾病或因为某种特定疾病导致死亡的可能性，即对个人的健康状况及未来患病或死亡危险性的量化评估。其目的在于估计特定事件发生的可能性，帮助个体综合认识健康风险，鼓励和帮助人们纠正不健康的行为和习惯，并据此按人群的需求提供有针对性的控制与干预措施，达到用最少的成本取得最大的健康效果这一目的，并评价这些措施的效果。飞行人员疲劳风险评估是在这一概念指导下，针对飞行疲劳这一后果进行专项防治的手段。

（二）疲劳风险评估的步骤

疲劳风险评估有 3 个基本步骤：个人健康信息的收集、疲劳风险评估、健康风险评估报告。目前绝大多数健康风险评估都已电子信息化。

1. 个人健康信息的收集　是进行健康风险评估的基础，包括问卷调查、实验室检查、心理测试量表。问卷的组成主要包括：

（1）**一般情况调查**　年龄、性别、文化程度、婚姻状况等。

（2）**健康状况**　既往史、家族史调查。

（3）**生活习惯调查**　主要包括吸烟状况、身体活动状况、睡眠、饮食习惯及营养调查、饮酒状况等。

（4）**其他危险因素**　如精神压力等。

心理测试量表及实验室检查主要用于检测飞行人员是否处于疲劳状态或有较高飞行疲劳发生风险。

2. 疲劳风险评估　是评估个人健康特征会不会在一定时间内发生飞行疲劳的可能性。既往常用的健康风险评估一般以患病为结果，由于对飞行人员群体的特殊要求，疲劳风险评估一般是扩展到以过度疲劳甚至中度疲劳为基础的

危险性评估，因为后者能更有效地使个人理解危险因素的作用，并能更有效地实施控制措施，减少严重后果的发生。

3. 健康风险评估报告　包括个体评估报告和群体评估报告。无论是个体评估报告还是群体评估报告，都应与评估目的

相对应。

　　个体报告主要包括健康风险评估结果和有针对性的健康教育信息。群体报告主要包括受评估群体的人口学特征、危险因素总结、疲劳干预措施和方法等。

参考文献

[1] 王国忠. 飞行疲劳概述 [M]. 北京：中国轻工业出版社，2014.

[2] 朱晓全. 飞行人员医疗康复理论与实践 [M]. 北京：科学出版社，2017.

[3] 罗正学，余志斌. 航空航天医学基础 [M]. 西安：第四军医大学出版社，2018.

[4] 赵明达，徐莉，胡强. 飞行疲劳相关性分析与恢复进展 [J]. 中国疗养医学，2020，26(5)：476-480.

[5] 郑吉安，徐红，樊泽. 健康管理在军队医疗保健中的应用与发展 [J]. 中国疗养医学，2018，27(4)：347-350.

[6] 徐莉，胡强，陈活良，等. 我军飞行员伤病原因分析及康复策略进展 [J]. 华南国防医学杂志，2019，33(1)：64-66.